Umständlicher Bericht von der Plage derer See-Würmer in den Pfählen an den Deichen und Dämmen in Holland und Seeland

Umständlicher Bericht von der Plage derer See-Würmer in den Pfählen an den Deichen und Dämmen in Holland und Seeland

ISBN/EAN: 9783954271061
Erscheinungsjahr: 2012
Erscheinungsort: Bremen, Deutschland

© maritimepress in Europäischer Hochschulverlag GmbH & Co. KG, Fahrenheitstr. 1, 28359 Bremen. Alle Rechte beim Verlag und bei den jeweiligen Lizenzgebern.

www.maritimepress.de | office@maritimepress.de

Bei diesem Titel handelt es sich um den Nachdruck eines historischen, lange vergriffenen Buches. Da elektronische Druckvorlagen für diese Titel nicht existieren, musste auf alte Vorlagen zurückgegriffen werden. Hieraus zwangsläufig resultierende Qualitätsverluste bitten wir zu entschuldigen.

Umständlicher Bericht von der Plage derer
See-Würmer in den Pfählen an den Deichen und
Dämmen in Holland und Seeland

Drey Stücke Eichen Holtz von den Pfahl-werck an den Hollands See Deichen, nach dem Leben gezeichnet, wie es von den würmern durchfressen ist.

C. Fritzsch sculp.

Umständlicher Bericht
von der Plage
derer
See-Würmer
in den
Pfählen an den Deichen und Dämmen
in
Holland und Seeland.

Aus dem
Holländischen Europæischen Mercurio
gezogen, und ins Hochteutsche
übersetzet.

Mit beygefügtem accuraten Kupferstich, worauf sowohl die Gestalt dieses sonderbahren See-Wurms, als des durchfressenen Holtzes abgebildet.

Auch mit gelehrten Anmerckungen aus des berühmten Vallisnieri Schrifften erläutert.

HAMBURG,
Gedruckt und zu bekommen bey seel. Thomas von Wierings Erben, im güldnen A. B. C. bey der Börse. 1732.

Auszug aus dem
Holländischen, Europæischen
Mercurio,
Wegen der Plage
derer See-Würmer
in den Pfählen an den Deichen und
Dämmen
in
Holland und Seeland.

Weilen wir noch bis jetzo dem Geneigten Leser von der besondern Plage desjenigen Ungeziefers, welches sich seit einiger Zeit in den Pfähl-Wercken derer Deiche in West-Frießland und Seeland geäussert, keine Meldung gethan, indem wir eher keine Gelegenheit darzu gehabt, noch im Stande gewesen, mit einigem Grund davon schreiben zu können; So haben wir dennoch nicht unterlassen mögen, zum Beschluß dieses Theils unsers Europæischen Mercurii dasjenige hiebey anzufügen, was wir kürtzlich angemercket sowohl aus denen Briefen der Aufseher der Deich- und Pfähl-Wercken in Seeland, aus

A 2 beglaub-

beglaubten Urkunden wegen des Zustandes der West-Friesischen Deichen, aus den mündlichen Erzehl- und Anmerckungen der Sache kündigen Persohnen, welche die Deich-Wercke und anderes persöhnlich in Augenschein genommen, als auch endlich aus der Beschauung der Stücke des durchgenagten Pfähl-Wercks und der Würmer selber, die darinnen noch gefunden worden: Gestalten man solche Stücke Holtz in See-Wasser selbst zu dem Ende hieher gebracht, und dabey die noch lebende Würmer vorgezeiget hat.

Erstlich ist wegen der Zeit, da sich dieses Uebel zu entdecken begonnen, anzumercken, daß sich solches erstmahls in Seeland im September- und October-Monath, des Jahres 1730 geäussert, da etliche wenige Pfähle (Laut öffentlichem Bericht aus Middelburg,) von dem West-Cappelschen Deich, durch einen kleinen Sturm-Wind, umgefallen, und sofort bey der Untersuchung befunden worden, daß die meisten Pfähle und Vorsetzen um diese Insul herum davon angegriffen wären.

In Holland, oder eigentlicher zu reden, in West-Frießland hat sich dieses Unglück erst entdeckt an dem West-Friesischen See-Deich, der Gegend Medenblick und Lambertschagen im Spätling des vorigen Jahres 1731; mithin ungefähr 1 Jahr später als in Seeland.

Dieses Ungeziefer nun, welches sich so ungemein-schädlich erwiesen, und noch erweiset, wurde damahls in dem Holtz und Pfähl-Werck derer Deiche gefunden, daß es das Holtz derer Pfähle inwendig gantz durchgefressen, und zwar durch viele Wege, nemlich

übers

überzwerch, seit- und niederwärts, daß ein solcher durchgenagter Pfahl, wann man ihn von innen zu betrachtete, am nächsten den Honig-Waben zu vergleichen, mithin das Holtz und Pfähl-Werck durch solches Nagen so geschwächt und Krafftloß wird, daß es nicht allein keinen Anstoß vertragen kan, sondern die Pfähle endlich auch von sich selber umfallen, abbrechen und niederstürtzen.

Gewiß ist dennoch dabey, daß von diesem Unglück, wie durchgehends geschicht, wie schwehr es auch seyn mag, dennoch mit Vergrösser- und Aerger-Machung von den meisten Menschen gesprochen werde, und daß selbsten diejenige, welche die Anordnung der Besorg- und Ausbesserung derer beschädigten Deiche auf sich haben, oder auch die, welchen dergleichen anvertrauet wird, ihren Nutzen dabey finden, daß das Uebel und der Schade für allem nicht verkleinert werde. Dann daß alles Pfähl-Werck nach einander, und ohne Zwischen-Raum, von diesem schädlichen Ungeziefer nicht beschmitzt seye, hat sich gewiesen, als man, bey angestellter West-Friesischen-Deichs-Besichtigung zu Anfang dieses Jahres, bemercket, daß viele der umgefallenen Pfähle nicht von dem Wurm durchgefressen, wohl aber durchs Alterthum geschwächt und Krafftloß worden: Gleichwie zu vermuthen, daß es mit manchen der noch übrig-seyenden Pfählen eben die Bewandtnis haben möge.

Ferner ist zu mercken, daß die Durchfressung des Pfähl-Wercks nicht weiter gehet, als dasselbe meistens mit der ordentlichen höchsten Fluth unterm Wasser bleibt, und auch in demselben ausser dem

Grund

Grund ist; Gestalten man mit Curiosität beobachtet/ daß diese Würmer sich gemeiniglich nur in einem Raum oder Höhe von etwa 2 oder 3 Schuh über dem Grund des Wassers aufhalten/ indem solch Ungeziefer durchaus nicht weder über dem Wasser noch unter dem Grund leben kan. Welches erste aus dem schnellen Sterben der Würmer/ sobald sie an die Lufft kommen/ wornächst sie einen grossen Stanck machen/ abzunehmen/ das andere aber aus der Beschauung der ausgezogenen Pfähle/ und einer an einem Anckerstock von einem Schiff auf der Rheede vom Texel gemachten Probe zu schliessen/ als an welchem Anckerstock man befand/ daß er nur an demjenigen Theil/ so über dem Grund der See gelegen/ und nicht höher hinauf/ beschädiget gewesen.

Man hat am Durchfressen des Eich= und Föhren=Holtzes einen grossen Unterschied wahrgenommen, indem dieses letztere ungleich mehr und geschwinder angegriffen/ und auch weit stärcker und dichter bey einander durch die Würmer durchgefressen worden/ als das Erste. Wie wir des letztern gewahr worden durch Beschauung und Vergleichung verschiedener Stücke des durchgefressenen Holtzes/ sowohl von der einen als der andern Gattung. Inzwischen sieht der Leser hiebey die Abbildung dreyer Stücke des abgebrochenen und durchgefressenen Eichen=Holtzes/ nach dem Leben gezeichnet/ und durch die Zahl 1. 2. und 3. unterschieden. Als der Riß davon gemacht wurde/ war dem Zeichner eben kein Föhr= oder Tannen=Holtz zur Hand/ und man hat sich lediglich einzubilden/ daß dasselbe noch ungleich mehr durchgefressen seye/ und zwar so/ daß an den meis meisten Stellen die Wurm-Löcher und Gänge so nahe beysammen, daß sie fast gar in einander gehen. In Seeland hat man befunden, daß das Reisicht inwendig der Vorsetzen gantz rein aufgezehret worden.

Die Würmer selbst betreffend, so finden sich über derselben Ursprung mancherley Meynungen, von welchen allen insgesamt doch noch keine mit völliger Gewißheit angenommen werden mag, indem alles und jedes, was davon geredet wird, auf lauter Muthmassungen hinaus läufft, aber indessen vor allem andern mit der mehrsten Sicherheit zu glauben, daß die täglich anwachsende Sünden des Landes Ursache darzu gegeben, daß der liebe GOtt demselben durch diese Plage mit seinen Gerichten und Strafen drohen wolle. Dann, wofern es Ihm gefallen solte, durch dieses Ungeziefer die Schutz-Wehre und Gegenstand dieser Länder gegen die gewaltige Macht und Ueberströhmung des See-Wassers fruchtloß und zu nichte zu machen, wer ist fähig allen Jammer und Elend zu beschreiben, so eine unvermuthete und plötzliche Ueberschwemmung, welche diese Länder völlig erträncken würde, verursachen möchte?

In Seeland hat man wahrgenommen, daß daselbsten zur Sommer-Zeit zum öfftern an die Meer-Pfähle sich ein kleines Ungeziefer, wie die sogenandte kleine Heuschrecken, ansetzen, welches bloß gegen das Holtz anpickt, in der Grösse irgends einer s. v. Schaaf-Lauß, und, durch ein Vergrösserungs-Glaß besichtigt, recht wunderbahr aussieht, und mit vielen Füssen versehen ist. Diese Thierchen dringen zwar nicht ins Holtz hinein; Dennoch sind einige der Meynung, daß sie ihren Saamen in die Löcher und Ritzen des Holtzes werffen, und dann diese Würmer daraus gezeuget werden. Wiederum andere dasiges Landes stehen in den Gedancken, als würden in den Hunds-Tagen aus einem gewissen Schleim, so sich zu der Zeit in dem Wasser befände, und an die Deiche hinspühlete, solcherley Würmer gebohren. Endlich aber giebts auch deren, welche davor halten, daß die mannichfaltige und beständig anhaltende Norden-Winde, die man 2 Sommer nach einander gehabt, diese Würmer sollen dahin gebracht haben; Weil man ohnedem vorgeben will, ob seyen dergleichen Würmer bereits vor 25 bis 30 Jahren in der Nord-See gesehen worden. In dieser Provintz hat man, wegen des Ursprungs dieses Ungeziefers, ebenmäßig unterschiedliche Meynungen angetroffen, welche wir nicht alle insgesamt anführen mögen, bloß aber anzeigen wollen, daß man unter andern gemeynt, um natürlicher Weise zu reden, ob hätte diese Gattung Würmer seine Herkunfft einigermassen zu dancken der mehrern Saltzigkeit des Meeres, welches im vergangenen 1731 Jahr, aus Mangel des gewöhnlichen Regens oder Schnees, folglich auch wegen wenigerm Zuschuß von süssem Fluß-Wasser, imgleichen durch die kräfftigere Würckung der aus dem Wasser dünstenden Hitze, nicht allein eine gewisse geringere Versüssung bekommen könne, sondern auch überdieß mehr Saltz, als bey andern Witterungen, bey sich behalten müssen. Weßwegen man eben gleich zu Anfang des Frühlings die Hoffnung geheget, ob würden diese Würmer, sowohl durch den damahligen Winter-Frost, als wegen einiger

niger Versüssung des Meers-Wassers durch Regen und Schnee, zusamt der Ergiessung der Flüsse und ubriger einländischen Feuchtigkeiten aus Gräben und dergleichen, sein bald abnehmen, und auch gar auf einmahl hinsterben. Wie man dann auch, diesem jetzt-erwehnten Satz zufolge, die unweit den Deichen gelegene Mühlen desto stärcker ausgemahlen, um das süsse Wasser also durch alle Schleussen in grösserer Menge hinauswerts zu treiben, in Hoffnung, daß solches wenigstens zu einer Erfrischung des nächst-an strömenden Meer-Wassers etwas beytragen möchte. Zum wenigsten könnte noch, zur Bekräfftigung dieser letztern Gedancken, dasjenige helffen, was zugleich, im verflossenen Jenner, durch die Mit-Gecommittirte Herren von Hoorn, denen übrigen, ebenfalls von verschiedenen Städten zur Besichtigung der West-Friesischen Deiche Gevollmächtigten, erzehlet worden; Nemlich daß die Hoornsche Jacht oder dasiges kleines Convoy-Schiff, so sich ebenmässig von diesen Würmern müssen anfressen lassen, sobald es nur in die süsse Gewässer hinein gekommen, deren sofort auf einmahl loß geworden.

Ungeachtet nun aus denen, aus Seeland eingelauffenen, als auch aus West-Frießland empfangenen Nachrichten, so viel erhellet, daß es eine Zwischen-Zeit gegeben, während welcher man verhoffet, daß dieses Ungeziefer sehr viel abgenommen, wo nicht gantz und gar ausgestorben; So vernimmt man dennoch nicht, daß man durch die allerschärffste Untersuchungen entdecken mögen, was die Ursache dieser Ab- und nachheriger Wieder-Zunahme dieses Ungeziefers gewesen. So finde ich in einem Brief eines

nes derer Seeländischen Ober-Deich-Auffseher, daß, nachdem diese Plage, im September- und October-Monath des Jahres 1730 erst entdeckt geworden, und nach Verfliessung der Zeit abgenommen, man keine neue Merckmahle solcher Plage wiederum vor Ablauff des Monaths Augusti des Jahrs 1731 erblicket. Man hat in der Gegend des West-Friesischen Deiches abgemerckt, daß solches Geschmeise daselbsten erstlich auch häufiger, und nach der Hand weniger gewesen. Dann da wurden anfangs unter denen ausgefallenen Pfahlen solche angetroffen, die nicht länger als etwa 7 oder 8 Wochen vorher gantz neu in den Grund hinein getrieben worden, und dennoch durch die Menge dieser Würmer durchgebohret waren. Hingegen hat man nachgehends ein Paar Pfähle, wovon der eine gebrandt, der andere aber ungebrandt gelassen war, nachdem sie irgends 4 Wochen im Grund gestanden, wieder heraus gezogen, welche beyde noch gut und unbeschädiget befunden worden. Allein wiederum, seit einiger Zeit, wie auch noch auf die heutige Stunde, melden die Nachrichten, daß sich diese Würmer abermahls sehr häufig spühren lassen.

Die Würmer an sich selbst betreffend, erblickt man in beygehendem Kupferstich, unter Nro 4 derselbigen curieuse Abbildung nach dem Leben, ausser deme, daß sie auf eben demselben annoch in unterschiedlichen andern Stellungen angezeiget werden. Wann dieselben noch lebendig, sehen sie ausgewachsenen Seyden-Würmern nicht eben sehr unähnlich, doch lassen sie einigermassen spitziger am Schwantz, und breiter am Ober-Leib. Sie sind schleimicht und klebe-

klebericht, und haben Streiffen am Leibe, aber keine Ringe, wie die Regen-Würmer haben, und ihre Farbe gleicht dem Fleisch einer Auster. Am obersten Ende ihres Leibes ist ein sehr scharff Horn-Schülpchen oder Müschelgen befestiget, welches sich in rund-spitzige Enden, wie die Spitze der Böhrer oder Schrauben, vertheilet. Diese scharffe Horn-Schülpe geht um den gantzen Kopf herum, und durch derselben einschneidende Umdrehungen durchbohren sie, sonder allen Zweifel, das Holtz. Ihr Schwantz ist ebenfals mit einem Müschelgen versehen, so zu oberst gleichsam eine aus zwey-spitzigen Theilen bestehende Crone hat, und ohne allen Zweifel ihnen auch dient, um durch das Anstützen und Festsetzen so vieler Spitzen gegen die Seite des Holtzes in der gemachten Höle von hintenzu, die Horn-Schülpe des Kopfs im Durchbohren zu unterstützen, und bessern Nachdruck zu geben. Aus der Horn-Schülpe des Schwantzes kommt ein schleimichter Schwantz, so sich in 3 Schwäntzchen oder Schlänglein vertheilet. Unten am Bauch dieses Gewürmes, etwa in der Länge von 2 Dritteln in der Mitte des Leibes, der nach oben zu, und noch mehr nach unten zu abnimmt, läßt sich ein Carmosin- oder Blut-rother Strich sehen, welches wahrscheinlich das Blut-Behältnis, oder die Ader, worinn das Blut dieser Würmer verschlossen ist, gleich man genugsam abnehmen kan. Diese Würmer haben einen saltzigten Geruch, eben wie die Austern und Muscheln. Man kan mit genugsamer Sicherheit schliessen, daß diese einbohrende Würmer in ihrer ersten Geburth sehr dünn und schmal seyn müssen, und zwar aus denen zuerst ange-

fange-

fangenen Oefnungen, welche von auſſen an dem Holtze ſo enge ſind, daß die Pfähle von auſſen, da ſie noch nicht durchgebrochen, ſich beynahe als gantz und geſund anſehen laſſen; imgleichen aus dem mäh-lig ſich erweiternden Raum derer fortgeſetzten Hölen, ſo ungemein glatt ſind, wiewohl ſie unter ihrer Nag-Arbeit zu einer ungleichen Gröſſe erwachſen. Die meiſten, die wir hiervon geſehen, hatten die Länge von eines ſtarcken Mannes Mittel-Finger, und ihrer manche werden ungleich gröſſer befunden. Aus ei-nem ſogenannten Duc d'Alba, oder zu Anbindung derer Schiffe dienenden Pfählen, vor der groſſen Schleuſe von der Alten Zype, hat man einen dieſer Würmer herausgeholet, welcher die Länge von $1\frac{1}{2}$ Schuh gehabt, und in Seeland hat man ihrer et-liche gefunden, ſo ungefähr 2 Schuh lang geweſen: Ja man ſtehet daſelbſt in den Gedancken, daß, wenn ſie im Durchbohren keine Hindernis anträffen, ſie noch gröſſer werden könnten; Maſſen man meinet, an dem Holtze wohl wahrgenommen zu haben, daß ſie, wann ſie im Durchbohren einander begegnen, oder gegen einander anbohren, ſterben müſſen. End-lich iſt dieſer Würmer halben anzumercken, daß die-ſelbe in denen Löchern, ſo ſie machen, und wo ſie nach-gehends mit ihren Leibern durchſchlupffen, überall ohne Unterſcheid ein ſchleimichtes Weſen zurücke laſ-ſen, welches nachmals an dem Holtze austrücknet, ſo daß alle dieſe Löcher bekleidet oder ausgefuttert be-funden werden mit einer Haut oder dünnen Rinde, welche rund herum in ſolchen Hölen feſte ſitzt, und weiß und glänzend, wie Perle-Mutter ausſieht, da-bey aber ſo dünne als das feinſte Schnecken-Häuß-
lein

lein oder Post-Papier, und beym Angreiffen wie Glaß zerspringet. Dahero man solche Rinde oder Häutchen beschwehrlich gantz aus den Löchern heraus bekommen kan, falls sie sich nicht selbst zur völligen Gnüge vom Holtz ablöset. Wann aber solches geschieht, läßts nicht anders als ein rundes Büchslein oder Köcherchen, gerade nach der Form der Höle, woraus es kommt, und worinn es hart angeschlossen gelegen: Wie im Kupfer-Stich Nro 5. zu ersehen. Die Aussen-Seite dieser Büchslein oder Futterale, wo sie gegen dem Holtze angesessen haben, hat zwar eben die Farbe, wie inwendig, ist aber duncklerund ohne den Perlen-Glantz. Diese Futterale sind keinesweges für eine Haut dieser Würmer, die sie abwerffen, anzusehen, weil ihr gantzer Leib, ohne eintzige Anzeige einer Haut, gantz schleimicht ist, und diese Rinde oder getrockneter Schleim in den Löchern, ohne einige Abscheidung oder Unterscheid gleich und gantz durchgehet. Um nicht weitläufftig von der Mannichfaltigkeit und dem schleunigen Anwachs dieser Würmer zu reden, hat der Leser bloß sich dessen zu erinnern, wessen oben von denen Pfählen, die nur 7 oder 8 Wochen gantz frisch und Nagelneu in den Grund geschlagen worden, Meldung geschehen.

Betreffend die Hülfs-Mittel gegen dieß Ungezieffer und dessen Durchbohrung des Pfählwercks, hat man bißher noch nichts desfalls ausfündig gemacht, oder an die Hand gegeben, auch ist, so viel man weiß, noch nichts angewiesen, so ohnfehlbar durchginge: wie denn solches gnugsam aus denen in den Zeitungen gesetzten Avertissemens, wodurch ein jeder, der etwas

was ausgefunden zu haben vermeynet, sich anzugeben eingeladen wird erhellet.

Wir werden uns dannenhero mit denen verschiedenen Vorschlägen, daß nemlich eine harte Rinde oder Bast von Pech, Theer, Hartz, Kuh-Haar oder andern Compositionen um das Holtz des Pfahlwercks zu machen, noch auch vom Brennen der Pfähle, nicht aufhalten, weil man bisher nicht gehöret, daß etwas dergleichen die Probe aushalten können.

Inzwischen hat man anfänglich, nachdem die Plage entdecket worden, sowohl in Seeland als West-Frießland, Sorge getragen, die am meisten beschädigte Stellen der Deiche gegen die Gewalt des Meeres zu versehen und zu bewahren. In West-Frießland ist solches vorerst mit starcken eisernen Anckern und Klammern geschehen, welche eine halbe Ruthe von einander so gemacht waren, daß schwere Eichen Pfähle längst der vordern Seite des mit sogenandtem Wier, oder See-Kraut, befestigten Deichs so weit eingeschlagen worden, daß derselben Ober-Ende nicht höher stehen, als es nöthig ist, um, mittelst eines Queer-Balckens, welcher über den Deich reichet, und daselbst auch auf einem eingeschlagenen Pfahl ruhet, sodann mit schweren eisernen Boltzen befestiget wird, zu verhindern, daß die Latten woran das See-Kraut sich befindet, nicht vorüber falle.

Man ist der Meynung gewesen, daß man diesen Deich in bessern Stande, die See abzuhalten, wurde setzen können, wenn man die abhängige Lage des Deichs mit neuen Stacketen von See-Kraut, anstatt der Pfähle, versähe; allein dieser Vorschlag hat wenig Ingreß gefunden, und ist auch hernach nicht mehr

mehr davon gesprochen worden. Denn/ zu geschweigen der übergrossen Kosten/ die man nicht wohl schätzen kan/ so würde es auch nicht wohl thunlich seyn/ so unmittelbahr dergleichen Stackete in das an einigen Orten 10 bis 19 Fuß tief seynde Wasser zu machen.

Es sind noch unterschiedliche andere Vorschläge zu Verbesserung der alten schlechten Deiche geschehen, wovon wir nur einen zum Beschluß anführen wollen/ weil solcher, unsers Ermessens/ besser als andere denen hiezu nöthigen Requisitis gemäß ist/ nemlich:

1. Die Deiche auszubessern/ auf eine solche Art/ daß kein Schade von den Würmern daran zu befürchten sey.

2. Daß dieselbe die Gewalt des Meeres abzuhalten vermögend, damit man das Land ruhig bewohnen könne. Und

3. Solches durch die am wenigsten kostende Mittel zu verrichten.

In Ansehung des Erstern wird dafür gehalten/ daß ein mit zottigtem See-Kraut besetzter Aussen-Teich zu machen sey, dessen Grund 26 Fuß breit ist/ die Höhe 30 Fuß (nemlich 2 Fuß unter dem Boden der See anzufangen;) oben 22 Fuß breit/ hinten gegen den Erd-Deich auf die gantze Höhe 3 Fuß, und vorne 7 Fuß abhängend, hinten auf dem Grunde einen Fuß tieffer als vorne, und oben einen Fuß Tonnenrund liegend, hinten zwischen dem Aussen- und Erd-Teich eine Reihe Föhren-Pfähle dicht an einander, vorne platt, und eben so abhängig als der Aussen-Deich, damit selbiger gemächlich dabey hinunter schiessen könne, einzurammen; diese Pfähle, 20 El-
len

ken, sind so tieff einzurammen, daß sie 12 Fuß unter dem Boden des Aussen-Deichs in den Grund stehen; An gedachte Pfähle muß ein Sparrwerck von schweren Eichen Holtz eins ums andere gemacht, die Pfähle 2 Daumen eingekerbet, und allda mit Boltzen, Nägeln und Ringen geschlossen und also an einander gefüget werden, daß die oberste Ende von beeden gleich komen; Sodann ist der Erd-Deich 6 Fuß breit bis zu dem niedrigstē vorerwehnter obersten Enden wegzuraumen; Hierin folglich und auf den Pfählen noch ein Lattwerck von See-Kraut zu setzen, 10 Fuß hoch hinten gegen den grossen Aussen-Deich an, eben so abhängig als der grosse, doch oben nicht Tonnenrund, sondern nach innenzu ablauffend; Der Erd-Deich hinten einen Fuß unter dem Rande des Lattwercks ɔc. Hierbey aber muß wohl angemercket werden, daß ehe der grosse Aussen-Deich angeleget wird, die Pfähle zuforderst eingerammet, und die dazu in den Erd-Deich zu grabende Canäle nicht weiter als höchstens anderthalb Fuß weit gemachet werden müssen: imgleichen daß der kleine Aussen-Deich erst gebührend fertig und etwas gesacket seyn muß, ehe man den alten Aussen-Deich gantz wegnimt, damit also der neue Deich, wann er hernach dagegen geleget worden, sich nicht mit demselben verbinde, sondern gemächlich hiebey und bey den Pfählen niedersacken könne.

Bißher vermeynet man ein Mittel zu Ausbesserung derer Deiche, woran kein Schade von den Würmern zu befürchten ist, angewiesen zu haben, massen die Pfähle und Sparren hinter dem mit Lattenwerck befestigbeseſtigten See-Kraut zu ſtehen kommen, wozu kein Wurm gelangen kan.

Den zweyten Punct betreffend, ſo vermeynet man gar leicht zu erweiſen, daß zufolge dieſer vorgeſtelleten Beſchaffenheit alle Nachtheile, welche die alte Deiche beſorglich machen, aus dem Wege geräumet werden: Dann es iſt ſehr bekandt, daß die gröſte Schwürigkeit der alten Deiche in Vorüberſetzung des Auſſen-Deichs, durch die Schwere des Erd-Deichs, und durch die Steile nicht allein, ſondern auch das mercklich Vorüberhangen des alten zottigten See-Krauts, beſtehe, und daß dazu alle die Klammern und dergleichen vonnöthen ſind, den Auſſen-Deich zu halten, daß ſelbiger nicht in die See ſtürtze: Zumahlen die See bey ſtürmichten Wetter durch derſelben Schwere das mit Moos beſetzte Lattenwerck mehr hinterwerts drucken als nach ſich ziehen würde, wenn es nicht durch den Erd-Deich dahinaus gedrungen würde. Man hat auch ſchon in einem gewiſſen Bericht zu vernehmen gegeben, daß, da das Waſſer ſchwerer als der Moos, die Auſſen-Seite dadurch auf den Grund niedergehalten wird. Dazu wird der Erd-Deich daran verhindert vermittelſt des Pfählwercks und dem kleinen Fuß des Mooßes, hingegen der groſſe Auſſen-Deich in ſolchem Stande geſetzet, daß er mit voller Krafft durch ſeine hinterwerts abhängige Lage gegen den Erd-Deich angedrucket wird, gleichwohl ſo nicht, daß es an ſeiner Sackung hinderlich falle, ſondern es wird vielmehr in dem Sacken der Erd-Deich gedruckt. Und ſo wäre dann den beeden erſten Vorſtellungen ein Gnüge geleiſtet.

Was nun die Anmerckung betrifft: Ob dann dieses auch das am wenigsten kostende Mittel seye? Muß man wissen, daß die Hrn. Deich-Grafen, zu der sogenandten Reparir- oder Ausbesserung derer Deiche, vermöge eines deßfalls gemachten sichern Entwurffs, eine Summe von 375025 :--: Gülden: Oder nach Abzug des, denen, den Erd-Deich machenden Arbeits-Leuten zu reichenden Lohnes, 306540 :--: - Gülden vonnöthen haben; Und dennoch kan man nicht zustehen, daß der Deich vollkommen hergestellt: Wie durch viele Anmerckungen über die Zangen oder Katzen in diesem Vorschlag gantz deutlich angezeiget worden, daß nemlich, wann dem Erd-Deich von hintenzu gegen die mit See-Kraut befestigte Stackete seine Ausweichung nicht gehemmet wird, alles dieß Werck fruchtloß und unsicher seye, mithin durch solche Unkosten doch nichts ausgemacht, sondern vielmehr zu irgend einer Zeit noch weit schwerere Unkosten anzuwenden seyn werden. Hingegen rechnet man aus, daß bey diesem Wercke die Ruthe kosten werde 621 fl. 8 Stüver:

Nemlich der Auſſen-Deich	fl. 450: -- : --
Die Pfähle	121: * : --
Die Querbalcken	5: 8 : --
Die Boltzen, Ringe, Schleuſen ꝛc.	5: -- : --
Arbeits-Lohn	40: -- : --
Summa	fl. 621: 8 : --

Und ist dabey wohl zu verstehen, daß obgleich dieses Werck zwar auf einen mittelmäßigen Fuß gerechrechnet worden / dennoch man vielmehr bey dem schwersten als leichtesten Werck geblieben / mithin die Kosten hier aufs schwerste genommen sind; Wann man die Summa von fl. 306540: --- : --- zu dieser Art Wercks/ (von dessen gutem Erfolg man versichert seyn kan/) anwenden wolte oder könnte/ in Ansehung der grossen Anzahl darzu nöthig-seyenden Busch- und Stecken-Wercks/ so könnten damit ungefähr 500 Ruthen Deichs gemacht werden/ womit den schlimsten Stellen geholffen/ und so viele Ruthen Zangen oder Katzen erspahret werden könnten.

Oder/ falls man etwa ins Grobe hin rechnet/ daß 10225 Ruthen Deich an dem gantzen Rand oder Ufer von West-Frießland seyen/ welche auf diese oder dergleichen Weise geholffen oder unterhalten zu werden bedürfften, und man solches innerhalb 40 Jahren zu verfertigen austheilete/ nemlich jedes Jahr 256 zuerst an den ärgsten Stellen / so würde dieses jährlich eine Summa von fl. 159078: :- kosten, welches jährlich noch weniger beträgt / als die allgemeine Unkosten/ so West-Frießland seit 30 Jahren, an der Zahl fl. 170000/ vermöge des Zeugnisses in dem Protocoll und Memorial der IV. Norder-Kögen getragen. Wahr ist es zwar, daß währenden jetztbesagten 40 Jahren die übrige schlimme Stellen an dem Deich mittlerweile verwahret werden müssen, mithin ein solches noch eine merckliche Summa kosten würde; Allein es ist auch dieses wahr, daß mit 256 Ruthen des neuen Werckes jährlich für fl. 23075: - an Zangen erspahret werden; Nemlich jede Zange, eine in die andre auf fl. 45: - gerechnet, und weil die meist-kostende Zangen zu erst weggenommen werden sollen, so lassen sich in den ersten Jahren so viele grosse Summen erspahren. Hierzu noch genommen fl. 10922: - : - daß die 256 Ruthen dieses Wercks noch weniger als die fl. 170000: - : - kosten sollen, so kommt fl. 33997: - : - zur Unterhaltung des andern Wercks, nemlich alle Jahre, die 40 Jahre hindurch, während inzwischen die Unterhaltung jährlich von Jahr zu Jahr, 255 Ruthen weniger wird, und endlich auf nichts ausläufft, und dardurch diese Summa der fl. 33995: - sodann im Gantzen zu gute kommt: Und so bekommt man Deiche, welche nach der Hand keiner ferneren Unterhaltung bedürfftig, weil daran gar kein Holtzwerck, so einiger Fäulnis bloß stünde, und ist noch darzu für die alte Wier, welche, wenn man sparsam und recht damit umgehet, mercklichen Nutzen bringet, nichts gerechnet. Demnach meinet man, daß dieses unfehlbahr das am wenigsten kostende Mittel seye, wenns auch bloß aus denen Ursachen wäre, daß es gut und zulänglich, in Ruhe zu wohnen, und den wenigsten Unterhalt bedarf, weil alle Pfahl- und Vorsetz-Wercke, worauf man sich ohnedem zu dieser Zeit nicht verlassen kan, erspahret werden.

Womit man dann, der dritten Vorstellung der Erforderungen zur Machung eines guten Deich-Wesens eine Genüge geleistet zu haben, hoffet.

Eben jetzo ergiebt sichs auch, als habe man ein Mittel ausgefunden, die zu den Deich-Wercken zu gebrauchende Pfähle in solchem Stande zu setzen,

daß

daß die Würmer, welche nach der hiebevor geschehenen Supposition und Voraussetellung, dieselbe nur auf eine gewisse Höhe durchbohren, da nicht ankommen oder einbohren sollen: Und dieses zwar auf eine solche Weise, daß man die Pfähle vermittelst des Feuers oder sonsten starck trücknen solle, um alle Nässe heraus zu ziehen, wie an dem gesponnenen Tau-Werck geschiehet, ehe dasselbe betheeret wird, wodurch dann in dem Kessel der Theer desto besser hinein- und durchzeucht. Solchergestalt gedächte man dann auch in denen getrückneten Pfählen, indem ihre Lufft-Löcher so viel möglich geöffnet worden, den kochenden Theer, oder lieber irgends ein vergifftetes Gemengsel, (so der Erfinder näher offenbahren müste,) um so viel tieffer inwendig hinein zu bringen, daß derselbe davon nicht abgehen oder abschelffern könne, und die Würmer entweder gantz nicht mehr daran kommen sollten, oder, wann sie dennoch daran kommen, augenblicklich wegen des Giffts des Todes seyn müsten.

So weit gehet der Bericht des

Holländisch-Europæischen Mercurii.

Aus der fast allgemeinen Bewunderung, welche man zu jetzigen Zeiten, über obberegtes Wurm-Geziefer, bey den Leuten bemercket, solte man schier schliessen, als ob mancher in den Gedancken stünde, daß solches allererst zu diesen Zeiten, diesem oder jenem Lande zum Schrecken und Schaden, von GOtt in die Welt gesandt wäre; Liebhaber der Natur-Kunde aber sind eines andern sattsahm überzeuget, ob schon wohl schwerlich man bey denen Geschicht-Schreibern eine dergleichen Begebniß, wie jetzt in Holl- und Seeland sich zuträget, antreffen wird: auch hat eine solche zu älteren Zeiten nicht wohl geschehen können, indem damahlen mit demjenigen trocknen Lande, welches GOtt selbst gesetzet, die Leute friedlich gewesen sind; Die neuere Zeiten hingegen sind durch ihre Eindeichungen dem Meer so nahe getreten, daß auch öffters dessen anthürnende Wellen ihren Unmuth darüber bezeugen müssen. Daß aber an Schiffen schon von viel hundert Jahren her sich solche Art Würme mit nagen gemacht, ist bereits aus dem Plinio, Libr. XVI. Hist: Nat. cap. 40; und Theophrasto Cap. V. Hist. Libr. V. zur Gnüge zu ersehen, als welche Autores nicht nur derselben gedencken, sondern auch bezeugen, daß man schon vor ihrer Zeit auf Holtz bedacht gewesen, so davon frey und gesichert wäre; und nachdemmahlen Plinius seine Natur-Historie aus ältern Schrifften mehrentheils nur zusammen getragen, ist wohl nicht zu zweifeln, daß schon lange vorher die Schiffe auf dem Meere durchwürmet geworden sind, welche weitere Untersuchung aber diese wenige Blätter nicht ver-

verstatten; Vielmehr hat man auf Veranlassung eines vornehmen Gönners und wahren Liebhabers und Untersuchers der Natur, dem geneigten Leser, aus dem Italiänischen übersetzt, bey dieser Gelegenheit mittheilen wollen

Des Grundgelehrten Anton: Vallisnieri, der Medicin Prof: Prim: und Præsidis der Paduanischen Universität, gar nützliche Beobachtungen über die Schiffs-Holtzwürmer, nicht nur was deren Anatomie und Gewohnheit betrifft, sondern auch wie man die Schiffe vor solchem bißher unheylbahren Wurm-nagenden Schaden sicher stellen könne, welche derselbe ehmahlen an Sign: Bernardino Zendrini, Med: und Mathemat: in Venedig, dediciret hat.

Bey der Gelegenheit, da derselbe Vallisnieri einst zu Livorno gewesen, um seinen besten Freund, den Hrn. Cestoni, persöhnlich zu sehen und kennen zu lernen, hat er mit demselben mancherley Dinge untersucht, unter welchen die Schiffs-Holtzwürme nicht eben den geringsten Platz verdienen; Der Hr. Dr. Marcellino, ein Mann von hohem Verstande und ein vollkommener Medicus, hat auch dabey das seine zugetragen; Man findet dieselbe bereits erwehnet im 5ten Tomo des Journals der Gelehrten in Italien Art: X. §. 18. und halten die Verfertiger desselben diese Untersuchung ihrer davon zu gebenden Nachricht wohl wehrt zu seyn, damit man das, was viele zwar gesucht, aber nicht gefunden, dem Fleiß und der Entdeckung des Autoris billig beylege; auch daß Sie hoffen, daß dieselbe vielen auswärtigen Academien, sonderlich der Königl. Londischen, wovon unser Autor ein würdiges Mitglied ist, nicht eben mißfallen werde; als welche ein grosses Verlangen bezeuget hat, daß doch jemand einst besonders seine Gedancken auf ein Ungeziefer richten möchte, welches ob schon klein und schwach, dennoch eine Ruthe und Schrecken, auch der bemanntesten Schiffe ist.

Es sagt also Vallisnieri, daß der Schiffs-Holtz-Wurm eine Art Meer-Würmer sey, welche an solchen Plancken der Schiffe, so unter Wasser und am nechsten dem Kiel sind, einnisteln, und daselbst ein jeder vor sich, in einem eigenen Canahl oder Röhre von einer schulpichten Materie, rund-conischer Figur, an beyden Enden offen, und so lang, als der Wurm selbst,

selbst, eingeschlossen ist; ihrem Alter nach, sind sie von verschiedener Grösse, doch die Grösse, so ihm mit besagten Freunden vorgekommen, nicht über einer halben Florentinischen Elle lang, und über einen kleinen Finger dick gewesen. Vorbesagte und den Wurm einschliessende Röhre, ist weiß, und an den grössesten und mittlern Würmen ziemlich starck und dicke, an Kleinern aber schwach und zerbrechlich, und scheinet aus vielen Falten, als der Austern und anderer Meer-Schnecken Schalen, zu bestehen. Aeusserlich hat sie das Ansehen, als daß sie aus vielen Ringlein gebildet sey, welche am obern Ende, als am Fundament des Coni nicht so häuffig, als an dessen zarten Spitze sind, und eben an dem Ort, da solche häuffiger und näher an einander sich befinden, trifft man an der innern Fläche der Röhre, eben so viele und an jenen den Ringeln befestigte harte Schulpen von eben solcher Materie an, welche über einander liegen, und die Röhre inwendig gleichsahm ausfüttern, und ob zwar der Ueberrest der innern Fläche was uneben zu seyn scheinet, ist solche dennoch glat und schlipfricht, und nicht so rauh und schurficht als die äussere. In diesem gantzen Canahl oder Röhre ist der Wurm nicht feste, sondern darin gantz loß und frey, ausgenommen an dem Ort, wo das äuserste Ende des Wurms, mit einer gewissen Schnur, die aus verwichten Zäsern gantz und gar bestehet, und deren einige sich an obbemeldte Schulpgen fest anhängen, umbgeben zu seyn scheinet.

Die Gestalt des Wurms aber ausser diesem seinem Behältniß ist aus dem Kupfer gar klar und deutlich zu erkennen; an dessen obersten Ende oder Kopfe, zwey etwas zackigte, halb-Circulrunde platte Beine oder Schulpen, an der einen Seiten ausgewölbt, und der andern erhaben, hervorragen, und zwischen welchen sich der rechte Kopf befindet; am andern Ende, nehmlich dem Schwantz, finden sich zwo beinerne Floßfedern, an obbemeldter und aus nervigten Zesern bestehenden Schnur befestigt, und zwischen solchen annoch zwey lange und runde fleischichte Abhängsel, die inwendig hohl sind, und ihre eigene Oeffnungen haben.

Obbemeldte zwey Beine des Haupts, und die zwo Federn am Schwantz ausgenommen, hat übrigens dieser Holtz-Wurm weder Bein, noch Grat, noch Knorbel: sondern sowohl die kleinere als gröste Würmer sind gäntzlich von einem solchen schleimichten Wesen, gleich die Austern haben, und von gleicher Farb und Geschmack, doch zärterer und viel weicher, daß auch bey weniger Betastung und Behandlung, sie gar leichte zergehen. Weshalben Vallisnieri eine wunderwürdige Sache zu seyn achtet, daß ein solches zartes, weich und schlappes Thiergen solche Krafft zu nagen habe, und auch die stärckesten und von dem besten Holtze gemachten Schiffe, mit dem grösten unvermeydlichen Schaden in den Grund zu bohren vermögend sey.

All solchen Schaden verrichten diese Würmer durch obbemeldte plattgehöhlte halb-Mondichte Schulpgen oder Beine, mit welchen sie ihren Kopf gleichsahm bewafnet tragen, und wann sie solche nach ihren Verlangen bewegen oder schliessen, nagen sie dadurch das Holtz ohne Unterlaß: Es werden aber solche nicht so sehr geschlossen, daß in der Mitten
sie

sie an einander kommen, oder sich über einander legen solten, sondern nähern sich nur an den Seiten. Auch sitzen sie nicht inwendig im Munde des Wurms, daß man sie solte Zähne heissen können; noch weniger am Rande oder den Letzen desselben, sondern nach Befindung des Hrn. Vallisnieri auf eine besondere Art ober und unter dem Kopf sich erstreckend, so daß sie den grösten Theil desselben bedecken, und folglich nicht nur zum nagen, sondern auch gleichsahm zum Schilde ihnen dienen, ihren zarten Leib damit im hineinbohren ins Holtz zu beschützen. Diese nagende Beingen oder Schulpgen sind an gewisse musculöse Flechsen des Kopfs, wie auch unter der Kehle befestiget, mittelst welchen sie solche öfnen und schliessen.

Sie nehmen einen krummen Weg, doch allezeit die Länge des Holtzes hin, und im begegnen, weichen sie einander zierlich aus. Sie nehren sich von der Substantz des Holtzes, weshalben man auch jederzeit ihren Magen mit Holtz-Mehl angefüllet findet. Der Schlund zum Magen ist kurtz, der Magen selbst doppelt und länglicht, darauf folgen die Gedärme, welche sogleich öfftere Umdrehungen machen, hernach schwingen sie sich wieder oberwerts bis ans Genicke, drehen sich allda wieder, und lauffen längst dem Rücken grad hinunter, bis zum Ausgange hin.

Ihr Schwantz ist sehr merckwürdig, indem derselbe, wie bereits gesaget, mit zweyen Blechen in Gestalt eines Blates, an der innern Seiten etwas ausgehöhlet, versehen ist; diese dienen, daß sie sich damit an ihren schulpichten Canahl, und zugleich an die Oefnung des äussern Theils der Schifs-Plancke
feste

feste halten: Auch nach Gefallen schliessen oder öfnen, theils den Weg des Unflats, welchen sie von sich geben, theils den besondern Canahl, wodurch Saltz-Wasser in den Cörper des Wurms hinein gehet, wie solche beyde Gänge gar unterschiedl. sich zeigen. Der Wasser-Gang gehet längst den Rücken gerade hinauf bis an den Kopf, alda solcher sich ein wenig bieget, und in den Mund sich öfnend, das Wasser hinbringet, welches das Holtz zu befeuchten, und das Nagen dadurch leichter zu machen dienet, und findet man nach des Vallisnieri Sage, in der ausgenagten Höhle vor dem Munde des Wurms, stets Saltz-Wasser, damit dadurch zugleich das Hinunterschlucken des truckenen Holtz-Mehls erleichtert werde.

Ihr Hertz, so unter dem Magen liegt, ist von einer ründlichten Figur, doppelt-länglicht, in Gestalt zweyer neben einander kleinen Säulen, welches sichtlich sich erweitert und zusamen ziehet, und durch solche Bewegung mittelst seinen Pulßadern ein hell durchsichtig Blut, forttreibet, welches zum nöthigen Gebrauch durch den gantzen Cörper seinen Umlauff nimt, und durch Blutadern wieder zum Hertzen kehret. Auch liegen häuffige andere Drüßgen, längst den Bauch, welche vor die Leber, und andere Eingeweide die zur Sonderung und Besserung des Nahrungs-Saffts und anderer dergleichen, das ihrige beytragen, genommen werden können.

Unser Autor rechnet diese Thiergen unter die Zahl derer, welche ohne Zuthun Männlichen Geschlechtes sich mehren, und Hermaphroditen genennet werden: Sie haben ihre doppelte und länglichte Eyerstöcke unter dem Magen liegen, und durch ihren

Eyer-

Eyergang entladen sie in das Ende des Gedärmes/ und folglich hinaus ins Meer ihre Laichen.

Die Eyer sind rund / durchsichtig mit einem leimichten Schleim umgeben / schwimmen auf dem Wasser/ und werden von den Wellen des Meers an die Schiffs-Plancken geschlagen/ woran sie durch ihren Leim bekleben/ und dorten ausbrüten: Folglich die zartesten Würmgen/so bald sie nur Leben gewonnen/ sich an das Holtz zu bohren machen/ und in gleicher Arbeit ihren obbeschriebenen Müttern nachfolgen.

Ihr Auswurf oder Unflath ist von dunckler Farbe/ dann wann am Genicke man die Gedärme druckt und mit dem Finger leise hinunter streicht / wird ein solcher ausgeworffen; da im Gegentheil wann der Wasser-Canahl gedruckt wird/ geschicht eine wiedrige Bewegung / und gehet das Wasser im Munde heraus/ wie bereits erwehnet ist.

Er hat nicht mehr/ dann zweyerley Arten wahrgenommen/ die eine was groß/ und etwas dicker als der kleine oder Gold-Finger / und welche sich an solchen Schiffen befinden/die aus der raumen See und von Indien kommen; Die andere Art ist die beschriebene. Die aus der See haben keinen sonderlichen Unterscheid/als nur an den blechen oder platten Schäufelgen des Schwantzes/ welche in Gestalt einer Feder sind / und in der Mitten einen beinern Stamm haben/ der gewisse Aeste hinaus wirfft/ welche die gantze Bleche stärcken und befestigen; Hierauf schreitet der Author zu den **Hülfs-Mitteln, um die Schiffe vor solchen Würmen sicher zu stel-**

stellen. Deren eines sehr natürlich und eigen ist, die Schiffe zu bewahren, damit solche nicht mehr von ihnen genaget und gebohret, und, sich eines See-worts aus dem Rhedi entlehnt, zu bedienen, zu einem unersetzlichen Schaden nicht durchwürmet werden; zuvor erwehnt Er einer Art, deren sich einige bedienen, das Schiff mit Bley zu bekleiden, oder auch mit noch einer andern Schifsplancken, oder sogenandten Haut, zwischen welcher und dem Schiffe selbst es mit Sattel-Haar ausgefüllt wird; darauf aber schlägt er seine Meynung vor, welche viel leichter ist, und wann dem embsig nachgelebt wird, sonder allen Zweifel das Schif vor den Würmern bewahren kan. Er mercket an, daß dieser Würmer ihre Eyer nur in- oder nahe an den Haven sich befinden, und nicht auf der hohen See, und daß solche, ohngefehr als Hirse-Körner groß, auf dem Wasser schwimmen, und von einem Leim umbgeben sind, welcher solche an die Schiffs-Plancken, Balcken oder ander nah an der See stehendes Holtzwerck anhängt, aber allzeit eben über dem Wasser, wo sie also ausbrüten, und die ausgebrütete Würmgen, nachdem sie auf dem Holtze oder der Plancken unter dem Wasser was herum gekrochen sind, nagen und einbohren, wo sie es am bequemsten finden.

Wäre folglich nöthig, daß ein fleißiger Schiffs-Capitain, oder Schiffer, wann er seinen Leuten befiehlt, das Schiff oberhalb Wasser abzuwaschen, damit es nicht von der Sonnen leyde, auch zugleich ihnen befehle, daß sie es mit Fleiß putzen, sonderlich wo das Wasser oben anspielt, und also die angeschlagene Eyer abkratzen, und solches wenigst alle 8 Tage verrichrichten / weil in solcher Zeit sie entweder noch nicht ausgebrütet / noch die ausgebrütete Würmgen so weit ins Holtz hinein seyn können/ daß sie nicht solten zernichtet werden/ indem sie so gar zart sind; thun die Leute aber solches nicht / und das Schiff hebt sich beym Tagtäglichen Ausladen / so setzen sich stets neue Eyer niedriger am Schiffe an / so daß / wenn auch gleich am Schiffe die Würmer nicht hinabkröchen / sondern nur an dem Orte wo sie ausbrüten/ eindrüngen/ sie dennoch das gröste Theil des Schiffs durchwürmen könten: Putzen sie nun nicht nicht wohl das Schiff/ oder trucknen auch nicht mit allem Fleiß das Wasser / womit zu Zeiten das Schiff abgespühlet wird/ wieder ab / so bekommen dadurch die obersten/ die sonst durchs Ausladen ausser dem Wasser gerathen / die nöthige Feuchtigkeit und ihre Nahrung. Und wäre dieses folglich der leichteste und sicherste Weg / das Schiff oder anderes an der See stehendes Holtz zu bewahren: warnet anbey, daß das Volck starcke Besem darzu nehme/ und wohl abkratze/ oder abschrubbe/ dann also würden sie gewiß ihren Zweck erreichen.

Es giebt die Erfahrung / daß Fleisch und Fische am sichersten vor Würmern bewahret bleiben / wenn man solche von dem / womit die Fliegen sie betragen haben/ fein saubert; eben also die dürre Sachen / als Wolle/ Peltzwerck/ und dergleichen werden mit gleichem Fleiß vor Motten beschützet/ wenn sie nur öfters durchsuchet/ und von den eingetragenen Eyergen/ oder auch denen erst ausgekommenen kleinen Würmgen befreyt werden. Die Erfahrung hat solches diejenige Leute / die mit
Wol-

Wollen und Peltzwerck zu thun haben, schon sauber gelehret, ohne daß sie von dieser Philosophie was wissen. Wie er noch in seinem Vaterland zu Reggio gewohnet, hat er bloß durch ein zeitig- und fleißiges Ausräumen der an den Bäumen und sonsten angetroffenen Nester, seinen Garten von Raupen frey gehalten, daher zur Bewunderung seiner Nachbahren, niemahls seine Bäume von Laub entblöset gewesen, und die Früchte jeder Zeit zur vollkommsten Reife gelanget sind. So viel nutzet eine gute Erkenntniß der Natur auch einem Menschen in seine Haußhaltung, und eine nützliche Uebung der Erfahrung macht, daß man nicht nur in Erkenntniß der Wahrheit zunehme, sondern auch die Ordnungen und Folge in den grossen Wercken GOttes wohl zu unterscheiden lerne, nicht weniger sich selbst und seine Sachen recht handhabe. Aber umb wieder auf die Schiffe zu kommen, füget er noch hinzu, daß wenn die Rede von kleinen Fahrzeugen wäre, man das Pech und die übrige Materie, womit solche betheeret oder bepicht werden, mit Sublimat, Arsenico, Stein-Oehl und dergleichen vermengen, und also, ausser obbemeldter Mühe, dieselbe schon dadurch vor den Würmen gesichern könne. Vor Galeeren und grossen Schiffen aber wäre kein besserer Vorschlag, als der obige, indem sie ja einen Ueberfluß an Volck und Sclaven zu ihrem Dienst gewidmet, und welche ohnedem zu der Zeit, da sie dem Ufer sich nähern, oder gar im Haven liegen, gar wenig zu thun haben.

So weit gehen des Vallisnieri gelehrte Gedancken, wie solche aus dessen *Opere diverse,* und zwar

aus

aus der raccolta di varii trattati p. 137. entlehnet sind/ auch war deren schon wie oben gemeldet/ in dem Italiänischen *Giornal* Erwehnung geschehen. Man überlässet dem geneigten Leser selbsten eine gütige Beurtheilung/ wie weit eine Zergliederung eines so zarten und weichen Thiergens und ohne Gliedern/ und die daraus gefolgerte Schlüsse eine Mathematische Wahrheit/ oder Physicalische Wahrscheinlichkeit in sich fassen; indessen bleibt Ihm die Ehre/ daß Er in dieser Untersuchung weiter gegangen/ als noch keiner vor Ihm gethan hatte/ auch viele hiedurch aus dem Plinischen und Theophrastischen Köhler-Glauben/ wie nehmlich diese Holtz-Würmer mit ihren Zahnen es nagen solten/ heraus gesetzet hat; einem jeden aber dennoch unverwehrt und erlaubet/ in einem oder dem andern von diesen seinen Gedancken abzugehen; wie man dann mit einer eben so grossen Wahrscheinlichkeit den so weitläufftig beschriebenen Canahl oder Röhre des Wurms/ nur vor eine abgeworffene und gehärtete Haut desselben/ wie ja die mehrere Würmer thun/ mit unserm Holländischen *Autore* halten mögte; und würde Vallisnieri selbst seine Gedancken wohl in etwas gemildert haben/ wenn Er Gelegenheit gehabt hätte/ auch einen solchen Wurm zu untersuchen/ der inwendig im Holtz/ wie jetzt in Holland geschicht/ seine Nahrung und Wachsthum bekömmt; in dem Holtze und Pfählen darinnen von den Würmern gemachten Gängen fehlet es an eben dergleichen gehärteten doch zerbrochenen Abwürffen auch nicht, und daß derjenige Wurm/ welchen Vallisnieri zu Livorno untersucht, mit einem solchen gantzen Kopfe noch umgeben gewesen, mag wohl daher seyn, daß derselbe nur äusserlich an der Schiffs-Plancke gebohret, und nicht tief ins Holtz gedrungen, folglich vom See-Wasser die Krüste zu einer besondern Härte gediehen gewesen. Es wird schwerlich jemand in Abrede seyn, daß nicht die, von denen Würmern, welche auf den Austern und andern Meer-Schnecken herumbkriechend ihre Nahrung suchen, hinter sich gelassene krustigte Höhlen, auch derselben Abwurf sey, und möchte mancher hieraus schier schliessen, daß auch diese eine Art eben solcher nagenden See-Würmern wäre; ob aber aus eben der Laiche oder Seminio, woraus der erklährte Holtz-Wurm, auch diese entstehen, dürffte wohl was zu weit gegangen seyn, obschon die Erfahrung ziemlich erweisen kan, daß viele Würme nach dem Unterscheid ihrer Nahrung, und des Ortes, wo sie ausgebrütet werden, und ihren fernern Wachsthum erhalten, auch gantz verschiedener Gestalten werden, worüber man verschiedene Anmerckungen, sonderlich derer Herren Medicorum, anführen könte.

Daß der sonst scharf sehende Vallisnieri seine Augen und Gedancken auf des Wurms platten Mund nicht geworffen, ist fast zu bewundern; denn es sehr wahrscheinlich ist, daß er damit an das Holtz sich fest ansauge, und dann durch Drehung und Bewegung seiner zackigten Horn-Schulpgen gleichsahm das Holtz ausraspele. Seine Beschreibung der innern Theile des Wurms muß ein jeder sich billig gar wohl gefallen lassen, bis jemand anders Ihn des Gegentheils überweisen. In Ansehung des Hertzens hat Er den, im Untersuchen unermüdet gewesenen, Fr. Rhedi, auf seiner Seiten, der solches gegen den P. Buonani, im Tract: degli Animali Viventi negli Anim: Viv: mit diesen Worten schon vor Ihm behauptet: es findet sich ein Hertzgen auch so gar in denen sehr häuffigen langen Meer-Holtz-Würmern, die von den See-Leuten Brume genennet werden, und sich an solchen Schiffs-Plancken, so unter Wasser sind, annisteln, und solche zum grösten Schaden der Schiffe zernagen, ja gantz durchwürmen.

Wie weit der Holländische Author des Vallisnieri Gedancken, die schulpichte Floßfedern und fleischichte Abhängsel am Schwantze betreffend, billigen und sich gefallen lassen werde, stehet dahin; doch ist auch nicht wohl zu glauben, daß solche nur dazu dienen solten, wie Jener meinet.

Petrus Martyr nennt diese Würmer Bromas, und Aldrovandus Lib. VI. de Insect. Cap. 5. de Teredine, Colubrulas oder kleine Meer-Schläugelein, und ist der Meynung, daß solche an denen Oertern, wo ein schlammigt- und schlickigter Grund, sich besonders häufften und mehrten.

Die Vallisnerische angegebene Hülfs-Mittel sind

sind nur vor Schiffe, an Deichpfählen aber und übrigen Holtzwerck an der See, nicht wohl zu practiciren; auch mag Joh. Ruellius de Nat: stirpium Cap. 15. mit seinem bittern und scharffen Cypressen-Hartz hier nur zu Hause bleiben, da dorten es jetzt darauf ankomt, wie auf beste und möglichste Art dem bereits zufressenen Holtze an Deich- und Schleusen zu Hulfse zu kommen, und dessen Abgang zu verbessern sey: Einer näheren Untersuchung aber wäre schon wehrt, was doch die Uhrsache wohl seyn möchte, warum nach einigen hundert Jahren, daß solche Eindeichungen bereits gestanden, man nun erst diesen Wurm-Schaden empfunden und wahrgenommen; auf einer blossen Herausbringung der Würmer mit den Ost- und West-Indischen Schiffen kan man solches wohl nicht alleine legen, und dürffte derjenige vielleicht nicht zu sehr irren, der einen schlammigtern und verschlickteren Grund und Boden, als vor diesem da gewesen, auch zum Grunde einer bessern Ausbrütung und Mehrung dieser Würmer-Laichen setzen würde; ob Auster-Bäncke hiezu was beytragen könten, lässet man dahin gestellet seyn, und einer reiferern Untersuchung über. Zu bewundern ist, daß man äusserlich an dem zerfressenen Holtze nur die kleinerste Löchergen, eines Nadel-Knopfes groß, gewahr wird, woraus zu schliessen, daß die Würmer gantz klein und so eben ausgebrütet sich schon hinein zu dringen wissen, (desgleichen man an den Hasel-Nüssen ja auch sehen

sehen kan) und folglich erst im Holtze ihren mehrern Wachsthum nehmen müssen: daß solche aber nur in die Länge desselben hinbohren, rühret daher, daß die in die Länge lauffende Zäsern des Holtzes viel härterer ihnen um durchzudringen und durchzubohren sind, als die so zwerg lauffen. Man soll ja auch wahrgenommen haben, daß die schwartze See-Tonnen von ihnen zerfressen wären, die weissen aber gar nicht; Wann dem also ist, möchte solches bloß an der weissen Farbe liegen, indem solche die Poros des Holtzes besser etwa schliesset, und also vors erste Eindringen eines solchen zarten Brütsels das Holtz gesichert. Der liebe GOtt, deme es an Mitteln nicht fehlet, wolle dem Nagen dieses Wurms steuren und wehren, und das gute Land vor allen daraus zu besorgenden Schaden in allen Gnaden bewahren.